BEI GRIN MACHT SICH IHR
WISSEN BEZAHLT

- Wir veröffentlichen Ihre Hausarbeit,
  Bachelor- und Masterarbeit

- Ihr eigenes eBook und Buch -
  weltweit in allen wichtigen Shops

- Verdienen Sie an jedem Verkauf

Jetzt bei www.GRIN.com hochladen
und kostenlos publizieren

Sven-David Müller

Alternative Ernährungsformen und Außenseiterdiätkostformen

Alternative Kostformen, Fasten, Heilfasten, Trennkost - kritisch betrachtet

GRIN Verlag

Bibliografische Information der Deutschen Nationalbibliothek:

Die Deutsche Bibliothek verzeichnet diese Publikation in der Deutschen National-
bibliografie; detaillierte bibliografische Daten sind im Internet über http://dnb.d-
nb.de/ abrufbar.

Impressum:

Copyright © 2011 GRIN Verlag GmbH
Druck und Bindung: Books on Demand GmbH, Norderstedt Germany
ISBN: 978-3-640-83098-5

Dieses Buch bei GRIN:

http://www.grin.com/de/e-book/166796/alternative-ernaehrungsformen-und-aus-
senseiterdiaetkostformen

GRIN - Your knowledge has value

Der GRIN Verlag publiziert seit 1998 wissenschaftliche Arbeiten von Studenten, Hochschullehrern und anderen Akademikern als eBook und gedrucktes Buch. Die Verlagswebsite www.grin.com ist die ideale Plattform zur Veröffentlichung von Hausarbeiten, Abschlussarbeiten, wissenschaftlichen Aufsätzen, Dissertationen und Fachbüchern.

Besuchen Sie uns im Internet:

http://www.grin.com/

http://www.facebook.com/grincom

http://www.twitter.com/grin_com

Alternative Ernährungsformen und Außenseiterdiätkostformen
Darstellung und Bewertung

Alternative Ernährungsformen und Außenseiterdiätkostformen kommen auf, wenn die Bevölkerung nach einfachen, klaren Ernährungsregeln verlangt, die von der wissenschaftlich begründeten Diätetik und Ernährungsmedizin pauschal nicht gegeben werden können oder schwerste Erkrankungen vorliegen, die einer Therapie auch der Diätetischen nicht oder kaum zugänglich sind. Der therapeutische Wert von Alternativen Ernährungsformen und Außenseiterdiätkostformen ist wissenschaftlich nicht belegbar und Erfolge sind zumeist nur durch Einzelberichte belegt. Der Erfolg dieser Kostformen in der Bevölkerung beruht auf einer Vereinfachung und zumeist recht unwissenschaftlichen aber eingängigen Beschreibung. Es existiert eine Vielzahl von Ernährungsempfehlungen und Kostformen mit wissenschaftlich höchst umstrittenen, teilweise sogar gefährlichen, Regeln. Diese richten sich sowohl an Gesunde als auch an Erkrankte. Leider finden sich alternative Ernährungsformen und Außenseiterdiätkostformen oftmals in der „Alternativ-Therapie" von Schwerstkranken, wie beispielsweise Tumorpatienten, MS-Patienten oder therapieresistenten Rheumatikern Anwendung. Diese alternativen Therapien sind wirkungslos, oftmals gefährlich und daher abzulehnen.

Anforderungen an die gesunde Ernährung und Diätkostformen
Jede Ernährungsform und Diätkostform muß die Deckung des Bedarfs an essentiellen Nähr- und Wirkstoffen sowie Flüssigkeit gewährleisten. Sie sollte präventiv- oder therapeutisch wirksam sein. Es darf keine extreme Verschiebung der Nährstoffrelation vorkommen. Eine Vielzahl von Erkrankungen läßt sich diätetisch therapieren. Die diätetische Therapie muß wissenschaftlich abgesichert sein. Die gesunde, präventive Ernährung muß ebenfalls den Regeln der Wissenschaft folgen und nachweisbar gesund sein. Ernährung darf nicht krank machen und diätetische Therapie muß bei der Vielzahl der Patienten wirksam sein und nicht nur im Einzelfall.

Kritikpunkte Alternativer Ernährungsformen und Außenseiterdiätkostformen
Kritik ist bei alternativen Ernährungsformen und Außenseiterdiätkostformen stets angezeigt, wenn diese eine unzureichende oder fehlende wissenschaftliche Begründung aufweisen. Wissenschaftlich unhaltbar oder gar gefährlich ist es, wenn Ernährungsformen oder Diäten einer wissenschaftlichen Überprüfung nicht standhalten oder eine Überprüfung völlig fehlt. Schilderungen oder Einzelberichte sollten niemals Hintergrund einer Ernährungsform oder Diätkostform sein. Liegen keine exakten vergleichenden Therapiestudien vor, sind Ernährungsformen oder Diäten abzulehnen. Ernährungsformen, die alternativ sind aber keine gesundheitlichen Risiken in sich bergen, können eventuell durchgeführt werden. Die Basis von Außenseitermethoden ist in vielen Fällen falsch, überholt oder rein spekulativ. Kennzeichen von Außenseiterkostformen ist oftmals der Fanatismus der Anhänger. Der Fanatismus der Anhänger sorgt für eine breite Bekanntheit von alternativen Ernährungsformen. Die Zahl der Anhänger aller alternativen Kostformen in Deutschland liegt bei < 1 bis 1,5 Mio. Menschen. Für viele Kostformen gibt es Bücher, Speziallebensmittel, Kurse und Kliniken. Hier darf auch der kommerzielle Hintergrund nicht vergessen werden. Mit alternativen Kostformen läßt sich viel Geld verdienen. Außenseiterdiätkostformen richten sich oftmals an Schwerstkranke, die sich an einen Strohhalm klammern wollen und bereit sind, viel zu investieren (Ideale und Geldmittel).

Vorteile Alternativer Ernährungsformen und Außenseiterdiätkostformen
Hervorgehoben werden muß, dass viele Außenseitermethoden die Menschen hinsichtlich gesünderer Ernährungsweise sensibilisieren und viele Formen der alternativen Ernährung oder Diäten die Gründzüge einer gesunden, präventiven Ernährung tragen.

Was gehört nicht zu den Alternativen Ernährungsformen ?
Die gesunde Ernährung nach den Prinzipien der Deutschen Gesellschaft für Ernährung (DGE) e.v., Frankfurt am Main (10 Regel der gesunden Ernährung – Ernährungskreis der DGE) oder die Empfehlungen zur gesunden, präventiven Ernährung der Gesellschaft für Ernährungsmedizin und Diätetik e.v., Aachen (diaita-Pyramide) sowie die klassische Vollwerternährung/-kost nach Claus Leitzmann (emeritierter Professor der Ernährungswissenschaft, Gießen, geb. 1933), Karl von Körber (Doktor der Ernährungswissenschaft, München, geb. 1955) und Thomas Männle (Diplomierter Ernährungswissenschaftler, Gießen, geb. 1953) gehört nicht zu den Alternativen Ernährungsformen, da sie auf wissenschaftlich begründbarem Fundament ruhen.

Dietary Guidelines der USA
1. Eat a variety of foods
2. Maintain healthy weight
3. Choose a diet low in fat, saturated fat and cholesterol
4. Choose a diet with plenty of vegetables, fruits and grain products
5. Use sugar only in moderation
6. Use salt and sodium only in moderation
7. If you drink alcoholic beverages, do so in moderation

Die Dietary Guidlines der USA sind grundsätzlich den Empfehlungen der DGE oder der Gesellschaft für Ernährungsmedizin und Diätetik e.V. ähnlich. Sie zeichnen sich lediglich zusätzlich zu den DGE Empfehlungen durch eine gute Verständlichkeit aus. Die DGE gibt für die gesunde Ernährung 10 Regeln vor und erläutert sie ausführlich. In den USA ist das Modell zur gesunden, präventiven Ernährung der Food Guide, der sich als Ernährungspyramide darstellt. Der Ernährungskreis der DGE wird in vielen Untersuchungen als relativ schwer verständlich und einem Ernährungsdreieck oder einer Ernährungspyramide unterlegen beschrieben. Die diaita-Pyramide fusst auf der Ernährungspyramide nach Wilett und schließt Getränke, Salz und die Vitamin-/Mineralstoffsubstitution mit ein. Zudem ist die diaita-Pyramide auf die Ernährungsgewohnheiten im Deutschsprachigen Raum abgestimmt. Während DGE und Gesellschaft für Ernährungsmedizin und Diätetik eine vollwertige Ernährungsweise empfiehlt, spricht Leitzmann et al. von Vollwert-Ernährung. Definition der Vollwert-Ernährung nach Leitzmann, Körber und Männle: Vollwerternährung ist eine überwiegend lakto-vegetabile Ernährungsform, in der Lebensmittel bevorzugt werden, die möglichst wenig verarbeitet sind. Daneben können auch geringe Mengen an Fisch, Fleisch und Eiern enthalten sein. Es wird empfohlen, die Kost schmackhaft und schonend zuzubereiten und etwa die Häfte der Nahrungsmenge als unerhitze Frischkost (Rohkost) zu verzehren. Lebensmittelzusatzstoffe sollten vermieden werden. Zusätzlich zu den gesundheitlichen Aspekten werden auch die Umwelt- und Sozialverträglichkeit des gesamten Ernährungssystems in die Betrachtungen und Empfehlungen einbezogen. Die Vollwert-Ernährung teilt die Lebensmittel in 4 Wertstufen (Sehr empfehlenswert, Empfehlenswert, weniger empfehlenswert und nicht empfehlenswert) ein.

Prinzipien der vollwertigen Ernährung (DGE)
- Berücksichtigung des Energiegehaltes und der Nährstoffdichte von Lebensmitteln
- Deckung des Nähr- und Wirkstoffbedarfs gemäß den nationalen und internationalen Empfehlungen (Empfehlungen für die Nährstoffzufuhr der DGE, 2000)
- Umsetzung präventivmedizinischer Erkenntnisse
- Berücksichtigung von Erkenntnissen der Ernährungsphysiologie und –soziologie
- Berücksichtigung der Ernährungsgewohnheiten der Bevölkerung (von Bevölkerungsschichten)

Die Vollwertkost nach Werner Kollath (Die Nahrung soll so natürlich wie möglich sein – Laßt unsere Nahrung so natürlich wie möglich!) ist eine ovo-lakto-vegetabile Kostform mit allen Vorteilen dieser Ernährungsweise. Kollath (Werner Kollath, Arzt, Deutschland, 1892-1970) teilt die Lebensmittel in Wertigkeitsstufen ein. Diese Kost ist empfehlenswert. Dr. med. Max Otto Bruker entwickelte eine sehr restriktive Form der Vollwertkost. Die Vollwertkost nach Bruker ist nur eingeschränkt empfehlenswert und enthält eine Vielzahl von Unsinnigkeiten in den Erläuterungen und Empfehlungen. Die Nahrungsmittel aus Bioläden oder Reformhäusern, die im Vergleich zum herkömmlichen Angebot keinen Vorteil hinsichtlich Schadstoffbestaltung bieten aber bei regionalem Anbau geschmackliche Vorteile haben können sowie mehr Vitamine, Mineralstoffe und sekundäre Pflanzeninhaltsstoffe enthalten können, wenn sie reif geerntet wurden, können Bestandteil einer Außenseiterkostform und auch einer gesunden, präventiven Ernährungsweise oder diätetischer Therapie sein. 70 % der Käufer in Reformhäusern oder Bioländen geben als Kaufgrund die Hinwendung zur gesünderen Ernährung an. Viele Kunden müssen sich nach diätetischen Grundsätzen versorgen.

Optimale Nährstoffrelation (nach präventivmedizinischen Gesichtspunkten und praktisch orientiert (Cave: Umsetzbarkeit)

Grundsätzlich	Mehr Pflanzliches und weniger Tierisches essen
	Möglichst regionale Herkunft
	Immer saisonal stimmige Lebensmittel
	Zubereitung/Weiterverarbeitung wo notwendig
Kohlenhydrate	über 50 % (wenig isolierte Zucker (Saccharose ...), niedriger glykämischer Index, geringe glykämische Ladung
	über 40 Gramm Nahrungsfasern
Fette	30 bis 35 % (< 7 % gesättigte Fettsäuren, 10 % mehrfach ungesättigte Fettsäuren, > 10-15 % einfach ungesättigte Fettsäuren, minimal Transfettsäuren)
Eiweiße	10 bis 12 % (bis maximal 15 %)
Flüssigkeitszufuhr	> 2 Liter
Alkoholzufuhr	unter 15 Gramm, nicht täglich, immer zu den Mahlzeiten

Grundsätze und Bewertung der Vollwert-Ernährung
Grundsätze der Vollwert-Ernährung
1. Bevorzugung pflanzlicher Lebensmittel
   (überwiegend lacto-vegetabile Ernährungsweise)
2. Bevorzugung gering verarbeiteter Lebensmittel
   Reichlicher Verzehr unterhitzer Frischkost
   (50 % der Nahrungsmenge)
3. Zubereitung genussvoller Speisen aus frischen Lebensmitteln, schonend mit wenig Fett
4. Vermeidung von Zusatzstoffen
5. Vermeidung von Nahrungsmitteln aus bestimmten Technologien (beispielsweise Gentechnik, Food Design oder Bestrahlung)
6. Möglichst ausschließliche Verwendung von Erzeugnissen aus anerkannt ökologischer Landwirtschaft (nach den Rahmenrichtlinien der AGÖL oder IFOAM)
7. Bevorzugung von Erzeugnissen aus regionaler Herkunft und entsprechender Jahreszeit
8. Bevorzugung unverpackter oder umweltschonend verpackter Lebensmitteln
9. Vermeidung oder Verminderung der allgemeinen Schadstoffaufnahme durch Verwendung umweltverträglicher Produkte und Technologien
10. Verminderung von Veredlungsverlusten durch geringeren Verzehr tierischer Lebensmittel

11. Bevorzugung landwirtschaftlicher Erzeugnisse, die unter sozialverträglichen Bedingungen erzeugt, verarbeitet und vermarktet werden (u. a. fairer Handel mit Entwicklungsländern)

Die Bevorzugung einer lactovegetabilen Kost ist aus präventivmediziner Sicht sinnvoll, sofern tierische Nahrungsmittel wie Fisch (Jod, Omega-3-Fettsäuren), Fleisch (Eisen, Zink ...) und Eier nicht völlig ausgeschlossen werden und der Bedarf an allen Nähr- und Wirkstoffen gedeckt wird. Der Verzehr von gering verarbeiteten Lebensmitteln und zu einem großen Teil unerhitzter kann Risiken mit sich bringen. Die Hinweise zur Zubereitung sind notwendig und sinnvoll. Zusatzstoffe haben die Bevölkerung vor der Gefahr von Lebensmittelvergiftung durch den Verzehr von verdorbenen Speisen weitgehend bewahrt. Zusatzstoffe unterliegen der Zusatzstoffzulassungsverordnung und sind prinzipiell nicht gesundheitsschädlich. Pseudoallergische Reaktionen gegen Zusatzstoffe (insbesondere Farbstoffe) sind äußerst selten. Technologien wie beschrieben sind mit Ausnahme der Gentechnik überflüssig. Gentechnik könnte, richtig eingesetzt, die Welternährungsproblematik lösen und Allergien leichter therapierbar machen (beispielsweise gentechnische Veränderung von Weizen und Erlangung von glutenfreiem Weizen für Patienten mit glutensensitiver Enteropathie (Zöliakie/Sprue). Leider stehen nicht für große Teile der Bevölkerung ausreichend Lebensmittel aus anerkannt ökologischem Landbau zur Verfügung. Lebensmittel sollten prinzipiell aus regionaler Erzeugung stammen und entsprechend der Jahreszeit verzehrt werden. Die Punkte 8 bis 11 sind sinnvoll und sollten zu den Grundlagen nicht nur der Vollwert-Ernährung gehören.

Kritikpunkte an „naturbelassenen Lebensmitteln" – Ist kaltgepresstes Öl besser als Heissgepresstes ? – Schadstoff Zucker ? Essen wir zu salzig ? Salz der weiße Tod ?
1. Naturbelassene Nahrungsmittel
Für den Verbraucher ist es oft schwer zu unterscheiden, ob ein Nahrungsmittel besonders gut ist oder herkömmlich produziert wurde. Markenzeichen wie Demeter (T: 06155-84690), Bioland (T: 07161-910120), Biokreis e.V. (T: 0851-32333), ANOG (T: 0228-461262), Naturland (T: 089-8545071), ECO Vin (T: 06133-1640), Arbeitsgemeinschaft Ökologischer Landbau (als übergeordnete Organisation, Brandschneise 1, 64295 Darmstadt, T: 06155-2081, F: 06155-2083, AGOEL@t-online.de), Ökosiegel (T: 05151-959699), Biopark (T: 038738-70309) und Biokreis Ostbayern bürgen für hohe Qualität und kontrollierten Anbau nach festgelegten Kriterien. Auch Lebensmittel mit dem Neuformzeichen, wie sie ausschließlich Reformhäuser anbieten, haben besondere Qualitätsmerkmale. **Empfehlung:** *Es stehen nicht ausreichend „naturbelassene" Lebensmittel zur Verfügung. Sie können – müssen aber nicht – gesundheitliche Vorteile und geschmackliche Vorteile haben.*

2. Kaltgepresste Öle
Kaltgepresse Öle beispielsweise können vermehrt Schadstoffe enthalten, wenig erhitzbar sein und im Vergleich zu Warmpressungen keine oder nur wenig Vorteile aufweisen. **Empfehlung:** *Kaltgepresste Öle können aus geschmacklichen Gründen empfohlen werden – gesundheitliche Vorteile haben sie kaum.*

3. Saccharose
Saccharose als Süßungsmittel ist Rohrzucker, Honig, Dicksäften oder Sirup kaum unterlegen. Saccharose kann vor dem Hintergrund der ernährungsmedizinischen Forschung keinesfalls als Vitamin- oder Mineralstoffräuber bezeichnet werden. Trotzdem ist ein Konsum von 100 Gramm täglich, wie er in Deutschland laut Ernährungsbericht von 1996 üblich ist, der Gesundheit kaum zuträglich. Die von der Food and Drug Administration durchgeführte Evaluation von gesundheitlichen Effekten von zuckerhalten Süßungsmitteln ergab, dass diese lediglich die Kariesgefahr erhöhen. Gleichzeitig ist hervorhebenswert, dass nahezu alle Süßigkeiten auch Fettigkeiten sind, die die Adipositaswahrscheinlichkeit erhöhen. Die FDA gab Zu-

cker (Saccharose) den GRAS-Status (Generally recognized as safe). Heute dürfen auch Diabetiker bei guter Stoffwechselsituation (Gradmesser dafür HBA1 oder HBA1c) saccharosehaltige Speisen verzehren. **Empfehlung:** *Moderate Verwendung von Saccharose bei guter Zahnhygiene.*

4. Kochsalz

Durch durchschnittliche Salzaufnahme (Natriumchlorid) liegt laut VERA-Studie bei 7 bis 9 Gramm und entspricht damit nahezu den nationalen und internationalen Empfehlungen für die Natriumchloridzufuhr. Die Ernährung gestaltet sich nur bei jüngeren Menschen etwas zu salzreich. Hingegen führen Senioren, insbesondere Frauen, eher zu wenig Salz zu. Auch die Empfehlung in der Schwangerschaft, insbesondere bei Schwangerschaftsgestose (EPH-Gestose), sich kochsalzreduziert zu ernähren, wird von Gynäkologen heute nicht mehr empfohlen. Natriumchlorid löst in den durchschnittlichen Aufnahmemengen in Deutschland keine Hypertonie aus. Auch in der Therapie des Hypertonus hat die Kochsalzreduktion heute keinen großen Stellenwert mehr, da sie kaum eingehalten und nur sehr begrenzt wirksam ist (minus 2-5 mm Hg). Hypertonikern sollte heute keine extreme Reduktion der Kochsalzzufuhr sondern eher eine moderate Verwendung von Kochsalz empfohlen werden. Aus präventivmedizinischen Gesichtspunkten ist die Verwendung von fluoridiertem Jodsalz mit Folsäure dringend anzuraten. Das Kochsalz zu Osteoporose, Krebs (...) führt läßt sich durch Studien nicht beweisen. **Empfehlung:** *Moderate Verwendung von fluoridiertem Jodsalz mit Folsäure.*

Vegetarische Ernährungsformen

Unter dem Begriff Vegetarismus (von lat. Vegetare = beleben) können verschiedene Kostformen und Prinzipien zusammengefasst werden. Durch den Philosophen Pythagoras (Gr., 570-500 v. Chr.) wurde der Grundstein für eine fleischlose, pflanzenorientierte Ernährungsweise aus philosophischethischer Überzeugung gelegt. Der Vegetarismus läßt sich in vegane Kost (rein Pflanzlich) und erweiterte vegetarische Kostformen einteilen. Hier gibt es Laktovegetarier (+ Milch), Ovovegetarier (+ Ei), Ovo-Lakto-Vegetarier (+ Ei und Milch), Pisco-Vegetarier (+ Fisch, Ei, Milch) und Semivegetarier (+ Milch, Ei, Fisch und Huhn aber kein Fleisch). Weniger als 1 % der Bevölkerung der Bundesrepublik Deutschland ernährt sich vegetarisch. **Bewertung der vegetarischen Ernährungsformen:** *Das menschliche Gebiss ist für mehr als nur pflanzliche Nahrungsmittel ausgerichtet. Eine rein pflanzliche Ernährungsweise deckt in keinem Falle den Bedarf an Nähr- und Wirkstoffen. Sie kann gefährlich sein. Säuglinge, Kleinkinder und Jugendliche dürfen ähnlich wie Rekonvaleszente, chronisch Kranke, Schwangere, Stillende und Senioren niemals vegan ernährt werden. Risiko Nähr- und Wirkstoffe: Energie, essentielle Aminosäuren, Vitamin B_{12}, Retinol, Calciferol, Riboflavin, Calcium, Eisen, Zink, Jod, Selen und andere Spurenelement. Alle anderen vegetarischen Ernährungsformen weisen weniger Risiken auf. Die gesündeste Form der vegetarischen Ernährung ist die Laktovegetabile Kost (Eisen/Zink/Jod), die Ovo-Lakto-Vegetabile Kost (Eisen/Jod), die Pisco-Vegetabile Kost (Eisen) und die Semivegetarismus (Eisen). Insgesamt gewährleisten diese Kostformen eine bedarfsgerechte, kalorienoptimierte, ballaststoffreiche und kohlenhydratoptimierte Idealkost. Die Lebenserwartung unter diesen Kostformen, die ideal für den Menschen sind, ist infolgedessen höher als die der Nichtvegetarier. Nur vor der veganen Ernährungsweise muß dringend gewart werden. Risikogruppen sollten sich genau informieren. Vegetarier benötigen ein besonders hohes Ernährungswissen.*

Eine besondere Form der Vegetarier sind die Rohköstler, die zur Gruppe der Veganer gehören. Aufgrund der abgelehnten Nahrungserwärmung ergeben sich weitere Nachteile (beispielsweise Nichtaufschließbarkeit von Getreide-/Kartoffelstärke, Giftigkeit von bestimmten Lebensmitteln (grüne Bohnen) oder schlicht schlechte Essbarkeit von rohen Lebensmitteln (Reis, Getreide, Kartoffeln, bestimmte Gemüsesorten ...). Die Rohkost ist nicht empfehlenswert und sollte keinesfalls von Kindern, Jugendlichen, Schwangeren, Stillenden, Senioren oder Rekovaleszenten durchgeführt werden. Auch chronisch Kranke sollten vor dem Hintergrund der möglichen Fehlernährung und Mangelerscheinungen davor gewart werden.

Das Gebiss des Menschen – ein Alles(fr)essergebiss ?
Das Gebiss von Fleisch und Pflanzenfressern hat unterschiedliche Ausprägungen. Das Gebiss des Menschen ist sicher kein Fleischfressergebiss (Kaubewegung auch waagrecht, geringe „Maulöffnungsmöglichkeit", kaum „Reisszähne", Amylasegehalt des Speichels, keine Vitamin-Synthesemöglichkeit, große Darmoberfläche, großer Darm im Verhältnis zur Körperlänge). Der Mensch ist aber auch kein reiner Pflanzenfresser (Laktaseausstattung, Schneide- und Eckzähne, kein Wiederkauen). Der Mensch hat sich im Laufe seiner Evolution zum Alles(fr)esser entwickelt, wobei das menschliche Gebiss eher auf pflanzliche Lebensmittel ausgerichtet ist.

Vertreter der Rohkost sind beispielsweise
* Walker (100 % vegan + Honig) nicht über 45 Grad Celsius erhitzt
* Instinktotherapie (100 % vegan), Urkost (weder thermisch noch mechanisch verändert)
* Schnitzer Intensivkost (100 % vegan), nicht hitzedenaturiert (+ vollwertig)
* Wandmaker (100 % vegan), natürlich Urnahrung des Menschen

Makrobiotik
Die Makrobiotik (griech. Makro = groß/lang, bios = Leben) ist eine weltanschaulich begründete, überwiegend vegetarische Ernährungsweise, die auf dem aus China stammenden Zen-Buddhismus beruht. Zentrum ist die über 5000 Jahre alte Lehre von Yin und Yang. Begründer der makrobiotischen Lebens- und Ernährungsweise war der japanische Naturphilosoph Georg Ohsawa (1892/3-1966), der verkündete, dass die Makrobiotik zu einem reichen und sinnvollen Leben führen soll. Nach Ohsawa führt eine vegane Ernährung zur verbesserten körperlichen und geistigen Aktivität sowie Gesundheit und Lebenskraft. Aus der Form und Funktionalität der Zähne wird Folgendes geschlossen: Von 32 Zähnen sind 8 (25 %) zum Zerkleinern von Gemüse bestimmt, 4 (12,5 %) sind Eckzähne (Reißzähne) für Fleischkonsum und 20 (62,5 %) sind Backenzähne, die dem Zermahlen von Getreidekörnern dienen. Daher sind Getreide und Gemüse Hauptbestandteil der Ernährung. **Kommentar:** *Unser Gebiss ist tatsächlich eher für eine vegane Ernährungsweise geeignet und der Mensch hat in seiner Entwicklungsgeschichte sicher niemals soviele tierische Produkte gegessen wie momentan.* Die Makrobiotik zielt darauf ab, dass Yin und Yang im Gleichgewicht sind. Yin und Yang stehen für die Gegensätze männlich und weiblich, Winter und Sommer sowie Passivität und Aktivität. Jedes Lebensmittel hat ein bestimmtes Verhältnis von Yin und Yang. In braunem Reis wird mit 5 : 1 das beste Verhältnis in einem Lebensmittel erzielt. Folgerichtig ist eine Ernährung mit ausschließlich braunem Reis das absolute Ideal in der makrobiotischen Kost.

Yanglastige Lebensmittel	Yinlastige Lebensmittel
Eier	Rindfleisch
Möhren	Spinat
Zwiebel	Kartoffel
Apfel	Honig
Hering	Wein
Reis	Hafer

Die Makrobiotische Ernährung lässt sich in 10 Stufen (-3 bis 7) einteilen. In der Stufe 7 (höchste, beste Stufe) werden ausschließlich Getreide aufgenommen. Die Flüssigkeitszufuhr ist in allen Stufen möglichst gering zu halten. Ohsawa war davon überzeugt, dass durch stoffliche Transformation chemische Elemente verändert werden können (aus Natrium wird Sauerstoff und Kalium). Die häufigste Variante der Makrobiotischen Kost ist die „Kushi-Diät", die reich an Vollkorngetreide, Frischgemüse, Hülsenfrüchten und Sojaprodukten ist. Erlaubt sind (1-2 mal wöchentlich) Seefisch. Diese Kostform ist bei zusätzlicher Hinzunahme von Milch und Milchprodukten durchaus gesund. **Bewertung Makrobiotik:** *Eine Hinwendung zur pflanzenbetonten Ernährung wäre sicher sinnvoll. Insgesamt ist es aber gefährlich, eine makrobiotische Kostform einzuhalten, da es zu extremen Nähr- und Wirkstoffmangelzuständen kommen kann (Energie, Eiweiß, Fett, Kalzium, Eisen, Vitamin C, D oder E, A und K). Die Flüssigkeitsrestriktion ist höchst bedenklich. Der Makrobiotischen Kost müssen reichlich Flüssigkeit sowie magere Milch und Milchprodukte sowie Seefisch zugefügt werden. Vor einer Makrobiotischen Kost muß gewarnt werden.*

Schnitzer Kost

Der Zahnarzt Dr. Johann Georg Schnitzer (geboren 1930 in Deutschland) geht davon aus, dass der menschliche Organismus mit seiner Verdauungs- und Stoffwechselfunktion während der Evolution an eine Urnahrung angepasst hat. Schnitzer sieht die Gebissanatomie des Menschen als Beweis dafür, dass Menschen keine „Allesfresser" sondern Fruchtesser sind. Daher ist die Schnitzer Kost eine vegetarische Ernährungsform. In der Schnitzer Kost sind Obst, Samen, Wurzelknollen, Blattschösslinge, Getreide, Wurzelgemüse und Blattsalate erlaubt. Die Schnitzer Kost soll Effekte bei ernährungsbedingten Krankheiten (wie beispielsweise Diabetes mellitus Typ 2) haben und die Vitalität erhöhen. Schnitzer unterteilt in Intensivkost (vegane Rohkost) und Normalkost (Ovo-Lakto-Vegetabil). **Bewertung der Schnitzer Kost:** *Das menschliche Gebiss ist ein „Allesfresser-Gebiss", das sich sehrwohl für den Fleischkonsum eignet. Naturgeschichtlich betrachtet haben Menschen insbesondere Gemüse, Obst, Samen, Nüsse, Kerbtiere und später auch Milch, Fleisch sowie Fische gegessen. Eine rein vegane Kostform ist gefährlich und sollte keinesfalls von Kindern und Jugendlichen sowie Schwangeren, Stillenden, Rekonvaleszenten, chronisch Kranke sowie Senioren gegessen werden. Siehe auch Bewertung „Vegetarischer Kostformen". Die Schnitzer-Kost kann bedenklich sein – Vorsicht. Die Intensivkost sollte nicht durchgeführt werden.*

Evers-Diät

Der Deutsche Arzt Joseph Evers (1884/94-1975, Arzt, Deutschland) entwickelte in den 30er Jahren des vergangenen Jahrhunderts die nach ihm benannte Evers-Diät. Evers sah die Hauptursachen der ernährungsbedingten Krankheiten in der Zunahme der Denaturierung der Lebensmittel. Nach Evers sollten Nahrungsmittel lebendig sein und so verzehrt werden. Evers betrachtete Früchte, Nüsse und Wurzeln als die natürliche Nahrung des Menschen. Er entwickelte zwei Variationen seiner Kostform. Die Kurvorschrift bei schweren chronischen Stoffwechselkrankheiten ist eine spezielle Form der ovo-lacto-vegetabilen Rohkost. Mit allen ihren Vor- und Nachteilen. Daneben entwickelte er die Evers-Diät für Gesunde, die auch Fleisch (roh oder leicht angebraten) einschließt. **Bewertung der Evers-Diät:** *Als kritisch ist insgesamt zu betrachten, dass er Rohmilch (Cave EHEC) und rohes oder leicht angebratenes Fleisch empfiehlt. Werden diese Produkte nicht aufgenommen, ist die Evers-Diät für Gesunde durchaus bei der Deckung des Nähr- und Wirkstoffbedarfs als bedingt gesund zu bezeichnen.*

Waerland-Kost

Der schwedische Arzt Are Waerland (1876.1955, „Naturphilosoph", Schweden) entwickelte Anfang des letzten Jahrhunderts eine rohkostorientierte lactovegetabile Kostform, die den Ausgleich der Übersäuerung des Körpers bewirken sollte. Die Ursache aller Krankheiten sah Waerland in der nicht artgemäßen Lebensgewohnheit, insbesondere der falschen Ernährung, der Menschen. Nach seiner Überzeugung ist der Mensch kein Alles(fr)esser. Die übliche Mischkost fördere die Übersäuerung des Körpers, lagere Schlacken ab und fördere die Besiedelung des Colons mit Fäulnisbakterien. **Bewertung der Waerland-Kost:** *Diese Behauptungen sind aus medizinischer und ernährungsmedizinischer Sicht nicht haltbar. Der Säure-Basen-Haushalt wird vom menschlichen Organismus durch die Funktion der Atmung, Leber und Niere optimal gesteuert. Eine Steuerung über die Nahrung ist kaum möglich und zudem überflüssig. Als Ernährung für Gesunde bei der Deckung des Nähr- und Wrikstoffbedarfs als bedingt gesund zu bezeichnen.*

Hay´sche Trennkost

Die Hay´sche Trennkost ist die beliebteste und am häufigsten durchgeführte Alternative Kostform in Deutschland. Der amerikanische Arzt (Chirurg und Allgemeinmediziner) Howard Hay (1866-1940, USA, Arzt) führte diese Kost Ende des 19. Jahrhunderts ein. Die Hay´sche Trennkost fordert nach dem Grundsatz „der Mensch soll nicht mischen, was die Natur zu mischen unterließ", Eiweiße und Kohlenhydrate innerhalb einer Mahlzeit müssen getrennt werden. Eine Mahlzeit enthält entweder Eiweiß oder Kohlenhydrate (nach Hay). Fett und fettreiche tierische Produkte sind neutral. Neutral sind auch Gemüse, Heidelbeeren, Rosinen, Nüsse (außer Erdnüsse) und Gewürze- Gemieden werden sollen außerdem verarbeitete Lebensmittel, Fertiggerichte, Fast-Food (sprich alles „Denaturierte). Der Verzehr von Fleisch sollte 100 Gramm täglich nicht überschreiten und die Fettzufuhr 30 bis 60 Gramm täglich. Hay war davon überzeugt, dass der menschliche Gastrointestinaltrakt nicht in der Lage ist, Kohlenhydrate und Eiweiße gleichzeitig zu verwerten. Auch soll es bei ungetrennter Kost zur Gärung kommen und die Säurenbildung (pH-Wert) gefördert werden. Die Basenernährung (Gemüse, Obst) ist nach Hay gesünder als die Säureernährung (Fleisch, Eier, Fisch und Milchprodukte). 80 % basenüberschüssige Nahrungsmittel und 20 % säureüberschüssige Nahrungsmittel. **Bewertung der Hay´schen Trennkost:** *Hay empfiehlt eine ideale Ernährungsweise mit reichlich Pflanzlichem, wenig Tierischem, reichlich komplexe Kohlenhydraten und wenig tierischen Fetten. Lediglich der Ansatz des Trennens ist wissenschaftlich über die Säure-Basen-Theorie nicht haltbar. Selbst der unreife Organismus eines Säuglings ist in der Lage Kohlenhydrate und Eiweiße optimal auszuwerten (Muttermilch enthält in ausgewogenem Verhältnis Kohlenhydrate, Eiweiße und Fette). Der Säure-Basen-Haushalt wird über die Atmung, Leber und die Nieren geregelt. Eine Regelung mit der Ernährung ist überflüssig und kaum möglich. Es spricht nichts gegen die Einhaltung einer Hay´schen Trennkost. Sie kann der richtige Weg zu einer gesünderen Ernährungsweise sein. Die häufigste Form der Hay´schen Trennkost heißt „Fit for Life" (nach US-amerikanischem Ehepaar Diamond, Harvey Diamond, Schriftsteller, USA, Marilyn Diamond, Ernährungswissenschaftlerin, USA). Diese Form des Trennens wird noch um einige – auch wissenschaftlich nicht haltbare Erläuterungen und Regeln – erweitert. Fit for Life ohne destilliertes Wasser und mit Milch ist ebenfalls günstig zu bewerten. Vor Hay´scher Trennkost muß nicht gewarnt werden.*

Eiweißarme Ernährungsformen

Die häufigste proteinarme alternative Ernährungsform entstammt den Vorstellung von Wendt, der einen hohen Fleischverzehr und hyperkalorische Ernährung für die ernährungsbedingten Erkrankungen verantwortlich machte. Er ging davon aus, dass fettreiche Kost die Basalmembranen der Kapillaren verdickt und deren Permeabilität verschlechtert. **Bewertung Eiweißarmer Ernährungsformen:** *Eiweiß ist ein essentieller Bestandteil der Ernährung. Wir benötigen davon zwischen 0,36 und 0,8 Gramm pro Körperkilogramm und Tag um den Bedarf – auch bei niedriger biologischer Wertigkeit – zu decken. Das Protein-Safe-Level (laut WHO) beträgt 0,36 Gramm Eiweiß pro Körperkilogramm und Tag. Es darf auch bei Nieren- und Leberinsuffizienz nicht unterschritten werden. Nur bei Erkrankungen wie Leber- oder Niereninsuffizienz oder Stoffwechselstörungen (beispielsweise Aminosäurestoffwechselstörungen – Phenylketonurie) ist die Einhaltung einer proteinrestriktiven Kost notwendig und wird vom Arzt verordnet. Bei gesunden Menschen kann es unter Proteinrestriktion zu* *schwerwiegenden Gesundheitsstörungen kommen. Vor eiweißarmen Kostformen muß gewarnt werden, wenn keine Organ- oder Stoffwechselstörung eine Proteinrestriktion indiziert.*

Kohlenhydratarme Kostformen
Besonders häufig werden kohlenhydratarme Kostformen (beispielsweise Aktins-Diät, Hollywood-Diät) zur Behandlung der Adipositas empfohlen. Durch den Glykogenabbau und Veränderungen des pH-Wertes kommt es zu starken Flüssigkeitsverlusten, die einen Fettgewebsabbau vortäuschen können. Diese Kostformen sind oftmals reich an Fett oder Proteinen. Die „LUTZ-Diät" (Leben ohne Brot) empfiehlt eine Kohlenhydratzufuhr von 60-70 Gramm täglich. Der Österreicher Lutz empfiehlt diese Kostform auch Patienten, die unter chronisch entzündlichen Darmerkrankungen (Morbus Crohn und Colitis ulcerosa) leiden. **Bewertung Kohlenhydratarmer Kostformen:** *Kohlenhydrate sind Hauptenergiequelle für den menschlichen Organismus. Werden keine Kohlenhydrate zugeführt, muß der Organismus selbst Glukose aus anderen Quellen (beispielsweise glukoplastische Aminosäuren) synthetisieren oder auf Ketonkörperverwertung umstellen. Diese Zustände sind unphysiologisch. Eine kohlenhydratarme Ernährung entspricht auch nicht der Evolution des Menschen, der sich in der Vergangenheit vorrangig von kohlenhydratreichen Lebensmittel ernährte. Eine fett- und eiweißreiche Kost ist mit so vielen Nachteilen behaftet, dass sie keine Dauerkostform sein kann und darf. Vor kohlenhydratarmen Kostformen muss gewarnt werden.*

Bircher-Benner-Kost
Die Bircher-Benner (Maximilian Otto Bircher-Benner, Arzt, Schweiz, 1867-1939) Kost ist eine pflanzliche Rohkost, die schrittweise durch Milch und magere Milchprodukte sowie schließlich gegarte Getreide, Gemüse und Kartoffeln ergänzt wird. Auch Schrothbrot gehört zu den Erweiterungen. Alle anderen Lebensmittel werden abgelehnt. **Bewertung der Bircher-Benner-Kost:** *In der Extremform des schweizer Arztes Dr. Max Bircher-Benner als reine pflanzliche Rohkost völlig abzulehnen und in der Erweiterung mit allen Schwierigkeiten einer Ovo-Lacto-Vegetabilen Kost behaftet.*

Krebsdiäten
Es gibt eine Vielzahl von Krebsdiäten mit unterschiedlichsten Regeln und angeblichen Wirkungsmechanismen. Diese alternativen Kostformen zeichnen sich in der Regel durch das Versprechen aus, die Krebserkrankung zu heilen oder im Voranschreiten zu hindern. Viele Krebsformen sind ernährungsabhängig. Eine fettreiche, ballaststoffarme und alkoholenthaltende Kost, die arm an Obst und Gemüse ist, fördert die Entstehung von Krebserkrankungen. Gesunde Ernährung beugt Krebs vor. **Bewertung von Krebsdiäten:** *Es gibt keine Hinweise auf die Wirksamkeit einer Krebsdiät. Die Ernährung von Krebskranken muß eine optimale Energiezufuhr (oftmals hyperkalorische Kost – eventuell Trink-/Sondennahrung oder Supplemente) gewährleisten und den Bedarf an Nähr- und Wirkstoffen decken. Mangelzustände an Vitaminen und Mineralstoffen dürfen nicht vorkommen. Eine prophylaktische Substitution von antioxidativen Vitaminen und Mineralstoffe (Selen, Zink, Chrom, Vitamin C, Vitamin E, Provitamin A) erscheint sinnvoll, sofern keine Megadosen verabreicht werden. Ob die Gabe von Omega-3-Fettsäuren, Arginin, Probionten, RNA, DNA oder anderen Substanzen sinnvoll und notwendig ist, muss die ernährungsmedizinische Forschung noch zeigen. Der Farbstoff der Roten Beete (Betazyan) hat keinerlei Effekte auf das Tumorwachstum und der oftmals hohe Nitratgehalt von Wurzelgemüse (insbesondere Rote Beete) ist bei Krebserkrankungen eher abträglich denn förderlich. Milchsäure hat keinen Einfluss auf das Tumorwachstum. Fettsäuren (beispielsweise Linolensäure oder Linolsäure) führen nicht zum Ausbruch von Krebserkrankungen. In Deutschland versterben momentan mehr Krebspatienten an den Folgen der Mangelernährung als an den Folgen der Krebserkrankung selbst. Eine optimale, krebsangepaßte Ernährungsweise ist notwendig. Krebspatienten benötigen eine kalorien-, eiweiß- und*

vitalstoffreiche Ernährungsweise, die sie vor dem Abnehmen schützt. Die Einnahme von Vitamin-/Mineralstoffpräparaten kann sinnvoll sein und die Therapie durchaus unterstützen. Bei der Gefahr von Untergewicht sind Trinknahrungen aus der Apotheke sinnvoll. Vor Krebsdiäten muß dringend gewarnt werden.

Fasten – Krank- oder Heilfasten ?

Fasten wird aus den verschiedendsten Gründen (beispielsweise religöse Gründe) durchgeführt. Das Spektrum reicht vom Saft- bis zum Heilfasten. Auch die Mayr-Kur gehört mit der Schrothkur zu den Fasten-Formen, die oftmals der Gewichtsreduktion dienen sollen. Die Energiezufuhr ist immer unter 1000 Kalorien und die Proteinzufuhr meist unter dem Bedarf liegend (oft sogar unterhalb des Protein-Safe-Level der WHO). Fasten wird auch zur Behandlung von ernährungsbedingten Krankheiten empfohlen. **Bewertung von Fasten:** *Fasten ist eine hypokalorische Ernährungsweise, die mit einer negativen Stickstoffbilanz, der Katabolie (insbesondere dem Abbau von Körperproteinen) einhergeht. Fasten ist pauschal betrachtet ungesund. Rekonvaleszente, chronisch Kranke, Kinder, Jugendliche, Schwangere, Stillende, Senioren und schlanke Menschen sollten nicht fasten. Zu Beginn einer Adipositastherapie kann proteinmodifiziertes Fasten unter ärztlicher und diätetischer Überwachung durchaus sinnvoll und effektiv sein. Bei rheumatoider Arthritis kommt es unter Fastentherapie zur Absenkung des Arachidonsäurespiegels und damit zur Verminderung der entzündlichen Reaktionen. Fasten kann zu einem Gichtanfall oder einen Gallenkolik führen. Unter der Fastentherapie, der immer ein ärztlicher Check-up vorangehen muß, sollten 3 Liter getrunken werden. Heilfasten bietet keine positiven gesundheitlichen Effekte. Eine proteinfreies Fasten (Saft-Fasten, Buchinger-Fasten, Lützner-Fasten, Heilfasten ...) ist gesundheitlich höchst bedenklich. Oftmals erfolgt auch eine „Darmreinigung" durch Laxantien. In den populärwissenschaftlichen Beschreibungen von Fasten wird oftmals von Entschlackung geschrieben. Im Gastrointestinaltrakt kommen jedoch keinerlei Schlacken vor. Schlacken (Definition laut Duden, 21. Auflage: Rückstand beim Verbrennen, besonders von Koks), fallen im menschlichen Organismus nicht an. Vor Fasten muß gewarnt werden, sofern kein Arzt die Fastentherapie überwacht und keine qualifizierte diätetische Beratung stattfindet. Lediglich proteinmodifiziertes Fasten (inkl. Deckung der essentiellen Nähr- und Wirkstoffmengen) ist unter dieser Voraussetzung akzeptierbar.*

Anthroposophische Ernährung

Vornehmlich dürfen Vollkornerzeugnisse, einheimische Gemüse und Obst, Milchprodukte und Ei gegessen werden. Die Kost hat einen beschränkten Eiweißgehalt und meidet Zucker. Alle Erzeugnisse stammen aus kontrolliert biologischem Anbau. Alle verarbeiteten Lebensmittel sowie Zusatzstoffe sind zu meiden. Der Schweizer Rudolf Steiner (1861-1925, Philosoph, Deutschland) entwickelte diese Kost und erläuterte die anthroposophische Ernährung nicht als fleischfreie Ernährung. **Bewertung der Anthroposophischen Ernährung:** *Lebensmittel aus kontrolliert biologischem Anbau können Vorteile gegenüber konventionell angebauten Lebensmitteln aufweisen. Das muß aber nicht in jedem Falle sein. Momentan stehen für die Bevölkerung aber nicht ausreichend kontrolliert biologisch angebaute Lebensmittel zur Verfügung. Die anthroposophische Ernährung ist eine gesunde Ernährungsform, die in eine fanatische Ausrichtung abgleiten kann. Nur davor muß gewarnt werden und natürlich dürfen Säuglinge und Kleinkinder nicht anthroposophisch ernährt werden. Bedenklich ist auch, dass Substitutionstherapie (Jod, Fluorid, Vitamin D) abgelehnt wird.*

Außenseiterdiätkostformen

Eine vollständige Darstellung aller Außenseiterdiätkostformen ist unmöglich. Grundideen zahlreicher Außenseiterdiäten sind: Streben nach innerer und äußerer Harmonie, Naturbelassenheit von Lebensmitteln, Getreide als ursprüngliches und ideales Lebensmittel und die Berufung auf den Instinkt zur Selbstlenkung der Kostwahl. Es existiert eine Vielzahl von Außenseiterdiätkostformen, die einer wissenschaftlichen Überprüfung nicht standhalten und nur Einzelfälle positiv beeinflussen (Placeboeffekt ?). Oftmals dienen diese Außenseiterdiätkostformen der Behandlung von rheumatoider Arthritis, Krebserkrankungen oder Multipler Sklerose. **Bewertung von Außenseiterdiätkostformen:** *Diese Kostformen sind in der Regel eher gefährlich denn nützlich für den Patienten. Die wissenschaftlich begründbare Ernährungsmedizin und Diätetik bietet für ernährungsbedingte- oder ernährungsabhängige Krankheiten adäquate Diättherapieformen.*

Begründungen – ohne wissenschaftlichen Beleg – von Außenseiterdiäten
* Entgiftung
* Entschlackung
* Fäulnis
* Natürliche Kost
* Übersäuerung
* Vitaminräuber
* Vitalstoffe

Klassifikation der Außenseiterdiäten
Es lassen sich verschiedene Einteilungskriterien für die meisten Außenseiterdiäten finden.
1. Proteinreiche Diäten (50 En% Eiweiß, ernährungsmedizinisch abzulehnen, Gefahr!) Gayelord-Hauser-Diät, Hollywood-Diät, Humplik-Kur, Mayo-Diät, Quark-Diät, Scarsdale-Diät, Stress-Diät/Manager-Diät
2. Fettreiche Diäten (fettreich, kohlenhydratarm, ernährungsphysiologisch abzulehnen, Gefahr!) Atkins-Diät, Lutz-Diät, Punkte-Diät
3. Kohlenhydratreiche Diät (kohlenhydratreich, u. U. ernährungsphysiologisch überprüfenswert, dauerhaft kaum einhaltbar) F-Plan Diät, Dr. Haas-Diät, Makrobiotik, Mazdaznan, Milch-Semmel-Diät (Mayr-Diät), Pritikin-Diät, Reis-Diät, Sieben-Tage-Körner-Kur, Wandermaker-Diät (Helmut Wandmaker, Unternehmer, Deutschland, geb. 1916)
4. Trennkost-Konzepte (Trennung von Protein und Kohlenhydraten, ernährungsphysiologisch und ernährungsmedizinisch kaum sinnvoll, im Rahmen einer gesunden Ernährungsweise nicht abzulehnen, wenn Milch und Milchprodukte nicht ausgeschlossen werden) Hay'sche Trennkost, Fit for Life, Hollywood Star-Diät
5. Fastenkuren (hypokalorisch, vorab in jedem Falle ärztlicher Check up, keine dauerhafte Umstellung der Ernährungsweise ohne Ernährungsberatung, Gefahr!) Heilfasten, Molkefasten, Saftfasten, Buchingerfasten, Lütznerfasten und Schrothkur
6. Weitere (ernährungsphysiologischer und ernährungsmedizinischer Wert oftmals nicht gegeben) Ayurveda, Mond-Diät, Negative Kalorien (Unsinn), Phosphatfreie Diät (das hyperkinetische Syndrom und Phosphat stehen in keinem Zusammenhang), Psycho-Diät, Rotationdiät und so weiter

Zusammenfassung
Es gibt keine einheitliche Definition der Begriffe alternative Ernährungsform oder Außenseiterdiätkostform. Professor Dr. Claus Leitzmann (geb. 1933, Ernährungswissenschaftler, Deutschland/Gießen) schreibt dazu „Unter der Bezeichnung Außenseiterdiäten werden Kostformen mit sehr unterschiedlichen Nährstoffgehalt zusammengefasst, die aus verschiedenen Gründen, z. B. medizinischen (Entschlackung), kosmetischen (Gewichtsreduktion), ökonomi-

schen (Schonung der natürlichen Ressourcen), empfohlen und verzehrt werden". Aus ernäh-rungsphysiologischer Sicht halten die meisten Außenseiterdiätkostformen und Alternative Ernährungsformen einer wissenschaftlichen Überprüfung nicht Stand. Die meisten alternati-ven Ernährungsformen sind jedoch ungefährlich. Außenseiterdiätkostformen versprechen Effekte, die sie nicht einhalten können. Ziel sollte es sein, durch eine gesunde, prophylaktisch wirksame Ernährung Krankheiten vorzubeugen und die Ressourcen zu bewahren. Gesunde Ernährung folgt den wissenschaftlichen Erkenntnissen und passt sich wie Diätkostformen dem wissenschaftlichen Fortschritt an. Diätkostformen müssen wissenschaftlich überprüfbar sein und im Gesamtkonzept der Therapie stehen. Die große Zahl von ernährungsbedingten Erkrankungen Betroffener macht eine verbesserte diätetische Therapie und ernährungsmedi-zinische Forschung notwendig. Es ist davon auszugehen, dass eine durchgreifende Reform des Essverhaltens in Deutschland eine Aufgabe von Medizinern, Diätassistenten und Ernäh-rungswissenschaftlern (Diplom Oecotrophologen) für die kommenden drei Generationen ist. Die gesündeste Kostform wäre eine Ovo-Lacto-Vegetabile Kost mit wenig Fleisch (1-2mal monatlich) und Seefisch (2-4mal monatlich), deren Schadstoffgehalt durch die Bevorzugung von Lebensmitteln aus regionalem Anbau bei saisonaler Stimmigkeit minimiert wird. Fertig-produkte, Genußgifte (wie Alkoholika) und Fast-Food sind kein Regelbestandteil dieser Kost. Die tägliche Trinkmenge liegt bei 2 bis 2,5 Litern und stammt aus Mineralwasser, verdünnten Fruchtsäften, fettarmen Sauermilchprodukten, wenig Kaffee und reichlich Früchtetees sowie schwachem Schwarz- und Kräutertee. Die Kost ist selbstzubereitet und dadurch arm an Zu-satzstoffe. Über die ausgewogene Verwendung von fluoridiertem Jodsalz mit Folsäure und reichlich frischen Kräutern sowie passenden Gewürzen wird diese pflanzenorientierte Kost schmackhaft, reich an Vitaminen, sekundären Pflanzeninhaltsstoffen und Mineralstoffen so-wie leicht verdaulich. Die Einhaltung von 3 bis 4 Mahlzeiten, die stressfrei im Familienver-band eingenommen werden, ist sinnvoll. Die verarbeiteten Lebensmittel sind frisch oder tief-gefroren, lagern kurz und richtig, werden nur kurz zubereitet und sofort verzehrt. Es kann sinnvoll sein, in bestimmten Lebenssituationen Vitamine und Mineralstoffe einzunehmen.

Kontaktadressen
Deutsche Gesellschaft für **Ayurveda**, Wildbadstraße 201, 56841 Traben-Trarbach,
Waerland-Bund, c/o: Günther Albert Ulmer, Hauptstraße 16, 78609 Tuningen,
Hay´sche Trennkost, Dr. med. Thomas Heintze, Asklepios Klinik Dr. Walb, Zum Hohen Berg 20, 35315 Homburg/Ohm,
Dr. med. Paul **Evers**, Klinik Dr. Evers, Fachkrankenhaus für Multiple Sklerose, 59846 Sun-dern/Langscheid,
Dr. med. dent. Johann Georg **Schnitzer**, Unteres Ried 8, 88690 Uhldingen,
Bruker: Gesellschaft für Gesundheitsberatung, Taunusblick 1, 56112 Lahnstein/Rhein,

Literaturempfehlung
Alternative Ernährungsformen, C. Leitzmann et al., Hippokrates Verlag, 1999, ISBN 9-783777-313115

M.Sc. Sven-David Müller, Master of Science in Applied Nutritional Medicine, Diätassistent, Diabetesberater DDG, Haddamhäuser Weg 4a, 35096 Weimar an der Lahn, www.svendavidmueller.de, diaetmueler@web.de